TABLEAU SÉCULAIRE

DE LA

SOCIÉTÉ D'AGRICULTURE DE TOURS

1761-1861

PAR M. L'ABBÉ C. CHEVALIER

SECRÉTAIRE PERPÉTUEL

TOURS

IMPRIMERIE LADEVÈZE

1861.

TABLEAU SÉCULAIRE

DE LA

SOCIÉTÉ D'AGRICULTURE DE TOURS

1761 - 1861

PAR M. L'ABBÉ C. CHEVALIER

SECRÉTAIRE PERPÉTUEL

TOURS

IMPRIMERIE LADEVÈZE

1861.

TABLEAU SÉCULAIRE

de la

SOCIÉTÉ D'AGRICULTURE DE TOURS

1761 - 1861

RAPPORT PRÉSENTÉ

A LA SÉANCE PUBLIQUE DU 27 AOUT 1861.

Monsieur le Préfet, Messieurs,

La Société d'agriculture de Tours vient d'accomplir la centième année de son existence. Établie par un arrêt du Conseil d'État du roi, le 24 février 1761, disparue un moment dans le naufrage révolutionnaire, reconstituée en 1799, elle a poursuivi persévéramment, à travers les vicissitudes politiques, la tâche honorable et toute patriotique qu'elle s'était imposée à l'origine. Après cette période d'un siècle, il convient, ce me semble, de jeter un coup d'œil rétrospectif sur ses débuts et sur ses premiers pas, pour mesurer l'espace qu'elle a parcouru, et pour constater les progrès qu'elle a contribué à réaliser autour d'elle, par son initiative et son influence. Vous verrez ainsi, Messieurs, quels services il vous a été donné de rendre à notre pays, et tout ce que l'avenir doit attendre de l'impulsion féconde que vous avez imprimée à l'agriculture en Touraine.

Le XVIIIe siècle, au milieu de toutes les questions qu'il agitait, ne pouvait négliger la grande question de l'agriculture.

Les économistes, en sondant les problèmes de la richesse des nations, avaient considéré l'exploitation du sol comme la principale source de la fortune publique. La science de la nature, sortie des langes de la scolastique à la voix de Bacon et de Descartes, grandissait d'une manière merveilleuse entre les mains de Linnée, de Buffon et de Saussure. La philosophie, avec J.-J. Rousseau, voulait ramener l'homme à l'état de nature. La littérature elle-même, à la suite de Bernardin de Saint-Pierre, était entrée dans cette voie, et s'était faite pastorale : Florian, de sa plume élégante, dessinait des bergers de salon et des bergères de boudoir, dignes des pinceaux de Boucher et de Watteau.

Sous cette impulsion multiple, partie à la fois de l'économie politique, de la science, de la philosophie, de la littérature et de l'art, l'agriculture était devenue à la mode. Des hommes éminents, tels que Duhamel, l'abbé Rozier, Tull, Arthur Young et Backwell, s'en étaient occupés avec passion, et, par leurs travaux, l'avaient élevée de l'état de simple routine à la hauteur d'une science. Parmi les initiateurs dont le nom mérite de passer à la postérité, nous devons signaler surtout le marquis de Turbilly, habile agronome angevin qui consacra toute sa vie aux progrès de l'agriculture. Il réunit autour de lui les principaux propriétaires de la Touraine, du Maine et de l'Anjou, leur communiqua son zèle, et les décida à former une association agricole destinée à s'occuper exclusivement d'économie rurale, à introduire les améliorations reconnues, à tenter des expériences et à distribuer des prix de culture en assemblée publique. Sur ses pressantes sollicitations, le roi ordonna qu'il serait établi des Sociétés royales d'agriculture en différentes généralités du royaume, et celle de la généralité de Touraine fut instituée la première, en 1761, pour servir de modèle, dit l'arrêt du Conseil d'État, aux autres Sociétés qu'on projetait d'établir en France. Notre Compagnie, Messieurs, peut donc revendiquer l'honneur d'avoir précédé toutes les autres, de les avoir inspirées, et pour ainsi dire, de les avoir créées ; c'est de notre province qu'est parti, au XVIIIe siècle, ce grand mouvement d'innovation et de régénération agricole dont nous admirons aujourd'hui les merveilleux résultats. Le marquis de Turbilly joua à cette époque, dans l'agriculture, le même rôle qu'a joué de nos jours M. de Caumont, lorsqu'il provoqua parmi nous l'établissement des Sociétés savantes de province et la restauration des études archéologiques.

Parmi les hommes qui se groupèrent autour du marquis de Turbilly pour constituer la Société d'agriculture de la généralité de Tours, nous pouvons citer les noms les plus éminents de la province. Nos premiers collègues s'appelaient alors de Choiseul, d'Argenson, de Beaumont, de Chevreuse-Luynes, de Rohan, d'Effiat, d'Harembure, de la Motte-Baracé, de Champchevrier ; on y comptait aussi MM. de Fontenailles, de la Falluère, des Pictières, des Mazis, de Saint-Martin, *le philosophe inconnu ;* de Voglie, ingénieur en chef de la généralité, auquel nous devons plusieurs travaux d'art remarquables ; le sous-ingénieur de Cessart, qui a laissé son nom à l'un des ponts de Saumur ; l'abbé Dufrémentel, chanoine de Saint-Martin, qui insérait de savantes notices dans le modeste *Almanach historique de Touraine,* et préludait ainsi à une histoire complète de notre province ; Brequigny, si érudit en diplomatique, qui composait ses doctes mémoires à son château de la Carte, à Ballan ; l'historien Anquetil, prieur de l'abbaye royale de la Roë, en Anjou ; les deux Papion du Château, économistes et financiers ; le philanthrope Graslin, dont la mémoire est impérissable à Nantes, et beaucoup d'autres moins connus, mais non moins influents (1).

Je n'aurai garde d'oublier le docteur Duvergé, un des médecins les plus distingués de la Touraine, qui compte tant de

(1) *Recueil des délibérations et des mémoires de la Société royale d'agriculture de la généralité de Tours pour l'année* 1761.

célébrités médicales. Par la sagacité de son intelligence et par la nature de ses travaux, cet homme remarquable devançait son époque et prenait la physionomie d'un savant du XIXe siècle : en 1761, il classait les différents sols de notre pays, analysait, avec les méthodes de son temps, nos terres arables, nos marnes et nos engrais, et créait parmi nous, à la suite de Réaumur (1), la première ébauche de notre chimie agricole. Il ouvrait ainsi une voie nouvelle, dans laquelle il a été suivi avec un grand talent, et avec les méthodes plus sûres de la science moderne, par M. le docteur Brame, qui a su transporter la chimie jusque dans nos champs et dans nos étables. En même temps, Duvergé proposait de faire assidûment des observations météorologiques, pour étudier les lois mystérieuses qui déterminent l'abondance ou la disette des récoltes : ces observations, poursuivies pendant de longues années par MM. Delaunay, Noriet et Tassin, et continuées aujourd'hui par M. Barnsby avec le zèle le plus louable, ont fourni à M. le docteur Giraudet les éléments d'une discussion savante sur le climat et sur l'hygiène de la Touraine (2). Enfin, prenant sur tous les points le rôle d'initiateur, le même docteur Duvergé introduisait parmi nous la culture du colza, signalait la mauvaise qualité des eaux des puits de la ville, et proposait, dès l'année 1774, de distribuer les eaux de la Loire, en abondance et à bon marché, au moyen d'une machine hydraulique, et de laver régulièrement les rues et les égoûts (3). Il a fallu près d'un siècle pour que la ville de Tours fût dotée de cette amé-

(1) *De la nature de la terre en général et du caractère des différentes espèces de terres*, par Réaumur. (Histoire de l'Académie Royale des Sciences, 1730, p. 243).

(2) *Recherches historiques et statistiques sur l'hygiène de la ville de Tours et sur le mouvement de sa population.* Tours, 1853, in-8°. — Voyez aussi nos recherches sur le *Climat de la Touraine au VIe siècle*, dans les *Mémoires de la Société Archéologique de Touraine*, XI, 55.

(3) Voyez nos *Etudes sur la Touraine*, 1re partie, chap. IX. Tours, 1858, in-8°.

lioration, dont l'importance capitale pour la salubrité publique avait été si bien appréciée de notre collègue. Et c'est aussi à l'un de nos collègues, M. Holcroft, qu'une municipalité intelligente a confié l'exécution de ce grand et magnifique travail.

Avant de clore ce livre d'or de nos illustrations au siècle dernier, il m'est doux de rappeler que l'ordre ecclésiastique était largement représenté parmi nous, pour continuer cette heureuse alliance du caractère sacerdotal et de la science humaine, alliance personnifiée en Touraine par ces noms qui ne sont pas sans quelque gloire : Grégoire de Tours, Alcuin, Odon de Cluny, Hildebert de Lavardin, Joachim Périon, Palma Cayet, Dom Durand, Dom Lopin, Marolles et Maan. A la tête de cette partie de nos collègues brillait M. de Fleury, archevêque de Tours, aussi distingué par ses lumières que par ses vertus.

Tels étaient, Messieurs, les hommes qui se réunirent sous la présidence successive de MM. de l'Escalopier et Ducluzel, habiles et sages administrateurs, dont la mémoire ne périra point en Touraine. La ville de Tours ne saurait oublier tout ce qu'elle leur doit de charmes et d'embellissements ; et la Société d'agriculture n'oubliera pas la bienveillance qu'ils n'ont cessé de lui marquer. Il semble, Messieurs, que cet esprit de bienveillance pour notre Compagnie, qui animait les derniers intendants de la Touraine, se soit transmis à leurs successeurs comme un héritage, et nous en trouvons la preuve dans la présence à cette solennité du premier magistrat de notre département. Qu'il nous permette de lui en témoigner ici toute notre reconnaissance !

Pour apprécier l'action et l'influence de notre Société pendant le siècle qui vient de finir, il importe de connaître quel était en Touraine l'état de l'agriculture vers le milieu du XVIIIe siècle. Plusieurs documents inédits ou peu connus, qu'il nous a été permis de consulter, nous donnent sur ce point des détails intéressants (1).

A cette époque, l'assolement était biennal ou triennal, et la jachère occupait au moins le tiers de la surface arable. Le droit féodal qui pesait sur la terre, empêchait toute modification dans la rotation primitive des cultures. Il n'y avait point, par conséquent, de prairies artificielles, excepté dans une dizaine de paroisses des environs de Château-la-Vallière, où le sainfoin était cultivé anciennement, dans la proportion d'un vingtième de la surface, et encore cet usage tout local donna-t-il lieu à de fréquents procès pour la dîme (2). Les racines fourragères étaient à peu près inconnues, et c'est au marquis de Turbilly que nous en devons l'introduction dans cette contrée. On comprend dès lors que le bétail fût en petit nombre, et nous savons, en effet, que la Touraine, avec ses espèces abâtardies, ne produisait pas le quart de la viande qu'elle consommait annuellement, quoique cette consommation fût alors très-restreinte : d'après les documents officiels, la boucherie était forcée de s'approvisionner dans les provinces voisines, particulièrement dans le Poitou.

Avec une si faible proportion de bétail, la production des engrais était à peu près nulle, et l'élément le plus important d'une culture féconde manquait presque entièrement. Les amendements minéraux, quoique connus de nos pères les Celtes, n'étaient point entrés sur une large échelle dans la pra-

(1) *Tableau de la généralité de Tours, depuis* 1762 *jusqu'en* 1766, ms. de la Bibliothèque municipale de Tours.— *Mémoire concernant la généralité de Tours*, par l'intendant de Miromesnil, 1698, ms. de la même Bibliothèque, imprimé dans l'*Etat de la France*, de Boulainvilliers.

(2) *Nouveau Commentaire sur la Coutume de Touraine*, par Dufrémentel, art. II, glose XI. — *Etudes sur la Touraine*, 2e partie, chap. XIII. — Le sainfoin était aussi cultivé au XVIe siècle dans le Loudunois, sur les confins de la Touraine. (*Les sept livres des honnestes loisirs de Monsieur Lepoulchre de la Motte-Messemé, seigneur de Saché, de Pont-de-Ruan et de la Haute-Chevrière*, fol. 186 et 221. Paris, 1587. Biblioth. Imp., Y, 4,741).

tique agricole. Les faluns, sur le plateau de Manthelan, étaient beaucoup plus employés que les marnes dans le reste de la province. Objet de simple curiosité au XVIe siècle, lorsque Bernard Palissy les visita (1), les faluns ne furent utilisés comme amendement que dans les premières années du XVIIIe siècle. En 1712, Bernard de Chauvelin, intendant de Touraine, consultait l'Académie des Sciences sur leur utilité. En 1720, Réaumur, frappé de cette nouveauté, les visitait à son tour, et en constatait avec admiration le bon effet. « La plupart des terres de ce pays, dit-il, ne produisent naturellement que des bruyères ; les herbes y naissent à peine. Le falun donne une fécondité surprenante à des terres qui, sans ce secours, resteraient en friche (2). » Malgré l'autorité de Réaumur, et surtout malgré l'expérience, la question n'était point tranchée en 1776, et à cette époque le docteur Raulin, inspecteur général des eaux minérales, était consulté sur l'emploi du falun par quelques-uns de nos cultivateurs, encore incertains. Aujourd'hui, le problème est résolu : ce pays, stérile et désert il y a cent ans, a été totalement transformé par le falun, et bientôt, grâce à ce puissant auxiliaire, les bruyères de Beautertre et de Bussière, derniers lambeaux de ces landes incultes, cesseront de faire tache sur la carte agricole de la Touraine.

Les engrais et les amendements tenant si peu de place dans notre culture, il n'est pas étonnant que la production des céréales fût alors très-limitée. Arthur Young, célèbre agronome anglais qui parcourut la France vers la fin du siècle dernier (3), signale les terres des environs de Montbazon

(1) *Des Pierres,* par Bernard Palissy.

(2) *Remarques sur les coquilles fossiles de quelques cantons de la Touraine, et sur les utilités qu'on en tire*, par Réaumur. (Histoire de l'Académie Royale des Sciences, 1720, p. 400).—*Emploi du sable et du falun en agriculture*, par M. l'abbé Chevalier. (Annales de la Société d'agriculture de Tours, 1849).

(3) Arthur Young, *Voyage en France pendant les années* 1787, 1788 *et* 1789.

comme les meilleures terres arables de la province, et leur assigne un prix variable entre 300 et 800 livres l'arpent, somme importante pour l'époque. Or, d'après le même auteur, ces terres ne rapportaient guère par arpent que cinquante gerbes d'un boisseau et demi chacune, soit environ quatorze hectolitres par hectare. Ainsi la Touraine, qui exporte aujourd'hui, d'après les statistiques officielles (1841), le septième environ de ses céréales, pouvait à peine, selon le rapport des intendants, nourrir sa population, singulièrement amoindrie par les guerres et les épidémies.

Ce déficit dans les récoltes provenait aussi d'une autre cause : les terres incultes, qui occupent encore aujourd'hui le dixième de notre sol (60,000 hectares), couvraient environ le cinquième du territoire. Les meilleures terres de Sorigny et de St-Branchs, sur une superficie de 2,000 hectares, avaient été défrichées par le Chapitre de la cathédrale de Tours, à qui elles appartenaient ; mais il avait fallu les abandonner à une jachère indéfinie, faute de bras pour les cultiver. Les seules paroisses du Serrain, Pernay, Semblançay, Luynes, Ambillou, St-Étienne de Chigny, les Essarts et St-Paterne, renfermaient plus de 35,000 arpents de landes. La partie méridionale de la Touraine en présentait une étendue encore plus considérable, et c'est avec raison qu'on pouvait comparer notre province, avec ses plateaux arides coupés de riantes vallées, à un habit de drap grossier semé de broderies d'or.

Les vignobles constituaient la partie la plus riche du pays. La viticulture, anciennement prospère, avait pris un nouvel essor au XVIe siècle, par les soins de Thomas Bohier de Chenonceau, de Liger de Lauconnière, et de Briçonnet, abbé de Cormery, qui avaient introduit et propagé les meilleurs cépages (1). Rabelais, qui s'y connaissait, avait chanté, le verre

(1) *La vigne, les jardins et les vers à soie à Chenonceau au* XVIe *siècle*, par M. l'abbé Chevalier. (Annales de la Société d'agriculture de Tours, 1860). — *Etudes sur la Touraine*, 2e partie, ch. XII; 3e partie, ch. X.

en main, le vin breton des environs de Chinon. Les crus de Vouvray qui, déjà renommés au XVIe siècle (1), avaient imposé leur nom à tous les vins blancs des coteaux depuis Orléans jusqu'à l'embouchure de la Loire, se transportaient à Nantes pour être vendus aux Flamands et aux Hollandais, grands amateurs de vins capiteux. On en exportait ainsi 12,000 pièces, au prix de 35 livres. Les vins rouges de la Loire étaient conduits à Paris, au prix de 20 livres, et au nombre de 15,000 pièces. Le commerce des vins du Cher ne s'élevait qu'à 8,000 pièces, dont le prix variait de 20 à 30 livres. Ainsi, l'exportation totale de nos vins atteignait le chiffre de 85,000 hectolitres, produisant 900,000 livres seulement. Aujourd'hui, ce commerce a quintuplé : notre exportation dépasse de 300,000 hectolitres celle du XVIIIe siècle; et telle de nos communes riveraines du Cher a produit à elle seule, dans ces dernières années, un revenu supérieur à celui de la Touraine entière il y a cent ans.

Nos fruits, dont la réputation est fort ancienne, étaient aussi exportés, mais ce commerce ne s'élevait qu'à la somme de 250,000 livres.

Quant aux instruments, ils étaient à peu près tels que les Gaulois nous les avaient légués. L'arau antique régnait sans conteste et sans partage, traîné partout par le bœuf, dont la lente allure s'associait à l'indolence du cultivateur. Le duc d'Orléans, fils du régent, avait, il est vrai, introduit en France les semoirs anglais, et Duhamel avait inventé un autre semoir qui porte son nom; mais ces instruments étaient à peine connus, et n'avaient point encore pris leur place dans nos fermes. Ajoutons enfin, pour donner un dernier coup de crayon à ce tableau, que les chemins, dont l'influence sur le développement agricole est si remarquable, étaient depuis longtemps presque impraticables par défaut d'entretien.

(1) « Quant aux vins blancs, Vouvray a le bruit, et Montrichart quant aux vins cleretz. » — Thibault Lepleigney, *La décoration du pays et duché de Touraine*, 1541; nouv. édit. publiée par M. le prince Aug. Galitzin. Tours, Bouserez, 1861.

Telle était, Messieurs, esquissée à grands traits, la physionomie agricole de notre province il y a un siècle. Partout des landes immenses ou des jachères nues ; point de prairies artificielles, ni de cultures sarclées, ni de plantes industrielles ; un bétail médiocre et abâtardi, en nombre insuffisant ; point d'engrais, et de maigres récoltes sur des fonds appauvris. Enfin, point de chemins, et partout la culture condamnée à des efforts stériles, faute de débouchés.

Que ce tableau est différent de celui qui s'offre aujourd'hui à nos yeux ! Sans doute nous sommes encore loin de la perfection, mais il est incontestable que nous marchons à grands pas dans la voie du progrès. L'assolement biennal a disparu partout ; la rotation triennale n'est plus suivie que dans quelques fermes arriérées où la routine domine encore ; la région des landes diminue de jour en jour, et, depuis trente ans, près de 20,000 hectares ont été défrichés ; presque partout verdissent de belles cultures fourragères, indice d'une plus grande production de bétail, et par conséquent d'engrais ; le rendement moyen de l'hectare s'est sensiblement élevé ; un admirable système de viabilité, objet d'envie pour nos voisins, a été créé par notre Conseil général et par les administrateurs habiles qui se sont succédé à la tête de ce département ; le drainage, cette importation récente, a déjà assaini une partie importante de nos terrains ; la culture de la vigne s'est développée sur de vastes proportions ; l'horticulture n'a point dégénéré de sa vieille réputation : nos fruits sont recherchés du fond de la Russie, et notre Compagnie, grâce au concours empressé de plusieurs horticulteurs et propriétaires de la ville et des environs, vient d'obtenir une médaille de vermeil pour la magnifique collection de fruits qu'elle a exposés au congrès pomologique de Lyon : précieuse distinction, qui proclame que la Touraine est toujours le *Jardin de la France!* Les instruments perfectionnés et les machines ont conquis décidément leur place dans nos habitudes agricoles, grâce aux ingénieux travaux de nos collègues, MM. Pinet (d'Abilly), Pavy (de

Girardet), Mahoudeau (de St-Épain), et Trousseau (du Plessis); de la Colonie de Mettray et d'un grand nombre d'autres constructeurs intelligents. Enfin, une louable émulation s'est emparée de tous côtés de nos cultivateurs : chaque année, la Société d'agriculture constate avec joie un pas en avant dans la voie d'une culture progressive.

Cependant, faut-il le dire, Messieurs? une seule branche de notre production n'a point suivi ce mouvement et semble rétrograder : je veux parler de la sériciculture. Introduite en Touraine vers l'année 1540 par la famille Babou de la Bourdaisière, négligée au XVIIe siècle, mais pleine d'éclat et de prospérité au siècle suivant, cette noble industrie est aujourd'hui bien languissante. En 1607, Henri IV avait abandonné le domaine du Plessis-lès-Tours à un sieur Taschereau des Pictières, pour y établir une pépinière de mûriers blancs et une école de sériciculture; mais la mort du roi entrava ces projets. En 1690, un autre Taschereau, petit-fils du précédent, obtint de nouvelles lettres-patentes de Louvois, et planta dans le parc du Plessis 600,000 mûriers, que l'indifférence générale le contraignit de brûler en 1710. Ce ne fut qu'en 1722, sous l'intendance de René Hérault, et grâce à la persévérance infatigable des Taschereau, que cette industrie prit faveur auprès du public. De 1744 à 1762, la pépinière du Plessis, contenant vingt-cinq arpents, délivra 383,253 pieds de mûriers; en 1762, elle en délivra 23,000. Le succès fut si grand, que l'État dût créer huit pépinières royales dans l'étendue de la généralité, et ces établissements ne suffisaient pas à toutes les demandes (1). La production de la soie devint si abondante, que l'intendant Savalette de Magnanville fit établir à Tours, en 1750, un tirage royal des soies pour former une école d'ouvriers capables de tirer la soie suivant les méthodes du Piémont, alors les meil-

(1) La dépense annuelle de ces huit pépinières s'élevait à 10,653 livres, qu'on imposait sur les contribuables de la généralité. (*Tableau de la généralité de Tours, depuis 1762 jusqu'en 1766*, ms. déjà cité).

ieures. En 1760, cet établissement reçut, de 332 cultivateurs, 11,911 livres de cocons, produisant 1,691 livres de soie; en 1766, 504 cultivateurs y portèrent 26,138 livres de cocons, produisant 2,838 livres de soie. N'oublions pas, Messieurs, que nous devons ces admirables progrès à l'intelligence, à l'énergie, à la persévérance d'une seule famille que rien ne put rebuter pendant plusieurs générations, et inscrivons le nom de Taschereau en lettres d'or dans les fastes de notre sériciculture !

Nous sommes loin, hélas ! de ces jours de prospérité. L'année dernière, notre production de soie, stimulée d'une manière exceptionnelle par le haut prix des cocons à graine, n'a guère atteint que le tiers de ces chiffres. Heureusement, nous possédons en Touraine deux établissements qui suffisent à eux seuls pour maintenir notre réputation séricicole. La magnanerie de Chenonceau, fondée par Diane de Poitiers et par Catherine de Médicis (1), continuée par Marie de Luxembourg, duchesse de Mercœur, et dirigée avec tant de zèle et d'intelligence, dans ces dernières années, par Mme la comtesse de Villeneuve, cette magnanerie est aujourd'hui entre les mains d'un sériciculteur hors ligne, qui fait progresser les méthodes d'éducation des vers, améliore les races, et poursuit jusque dans l'intérieur même de l'œuf la dernière trace des maladies redoutables qui déciment ces espèces. Un autre ver à soie, d'un produit plus modeste, mais appelé à un grand avenir, introduit en France par notre savant collègue, M. Guérin-Menneville, a trouvé dans M. le comte de Lamote-Baracé, un éducateur plein d'initiative : le bombyx de l'ailante est désormais acclimaté en grand parmi nous, et le Coudray-Montpensier aura l'honneur d'avoir été le berceau de cette nouvelle industrie, destinée à produire à bas prix une soie populaire.

La Société d'agriculture de Tours peut, à bon droit, reven-

(1) Archives de Chenonceau.

diquer la plus grande part dans les progrès que je viens de vous signaler. Dès ses débuts, en 1761, elle communique autour d'elle une impulsion féconde, en provoquant l'établissement des prairies artificielles. Elle indique au gouvernement les modifications qu'il convient d'apporter à la législation ; elle sollicite avec succès l'exemption de tout impôt pendant dix ans pour les terres défrichées, et réclame l'amélioration des chemins et l'uniformité des poids et mesures. Plusieurs de ses membres entreprennent sur une large échelle les défrichements de leurs bruyères; d'autres créent des pépinières; le marquis de Turbilly et le docteur Duvergé introduisent les racines fourragères et le colza.

Le duc de Choiseul lui-même se jette dans le mouvement agricole. Au milieu des splendeurs de la Cour, il n'avait sans doute jamais soupiré après la campagne ; il n'avait jamais dit avec le poëte, fatigué des tracas de la ville de Rome :

O rus, quando ego te aspiciam?...

Mais quand il fut relégué à Chanteloup, où il trouva des champs, un palais, des eaux, des bois, plus grands que le coin de terre, l'humble toit, la fontaine et le bosquet rêvés par Horace, il put comme lui chercher l'oubli d'une vie agitée dans le commerce des lettres et dans les doux loisirs de la campagne :

Nunc veterum libris, nunc somno et inertibus horis
Ducere sollicitæ jucunda oblivia vitæ.

Il bâtit près de son château une superbe vacherie, où il plaça, en stabulation permanente, cent-vingt belles vaches suisses, qu'il visitait tous les jours, en poudre et en talons rouges, avec sa compagnie de philosophes, de littérateurs, d'artistes et de courtisans. C'était la Cour de Versailles descendue à la ferme. Ainsi le duc de Choiseul charmait les longueurs de son exil.

Mais bientôt la révolution dispersa ce magnifique troupeau, qui promettait à la Touraine la régénération de ses races laitières, et ferma la vacherie et les étables. Vingt ans plus tard, le savant Chaptal, qu'il faut aussi ranger parmi les illustrations de notre Société et parmi les gloires de l'agriculture française, Chaptal rouvrait ces étables désertes pour y recevoir un troupeau de mérinos.

Mais je crains d'abuser de votre patience, en vous parlant des travaux du passé, et je me hâte de terminer ce rapport, trop long déjà, en vous disant quelques mots sur l'état actuel de la Société et sur ses travaux récents.

Notre Compagnie a éprouvé cette année des pertes sensibles. Elle a perdu M. Henri Goüin, l'un de ses membres honoraires, ancien président de la Société archéologique de Touraine, et l'un des rénovateurs des études historiques et archéologiques dans notre pays : les regrets universels qui l'ont accompagné à la tombe disent assez le mérite de l'homme et du citoyen. Nous avons à regretter M. Gaultier de la Ferrière, de Ligueil, qui propageait autour de lui les meilleures méthodes de cultures, et s'occupait avec succès de l'élève des chevaux. Nous avons aussi à pleurer M. le docteur Saugerres, médecin-major de première classe, que les travaux de sa profession n'empêchaient point de se livrer à de profondes recherches sur la botanique. Ce savant modeste est allé mourir en soldat sur ces plages de la Syrie, où la France portait de nouveau le vieux drapeau des croisades, le drapeau de la foi chrétienne et de la civilisation. Mais notre perte la plus douloureuse a été celle de M. Delaville-Leroulx. Les qualités de son esprit, l'aménité de son caractère, son intelligence des questions agricoles, les vastes défrichements qu'il avait opérés dans nos landes, tout le désignait à la présidence de notre Société. Personne de nous n'oubliera avec quel talent élevé il en inspira les travaux, avec quelle grâce charmante il en dirigea les discussions.

Ces pertes ont été pour nous bien cruelles ; mais si quelque chose peut adoucir nos regrets, c'est le choix des hommes qui ont pris place dans nos rangs. Parmi nos collègues, nous aimons à compter M. Eugène Goüin, président de la chambre de commerce de Tours, qui porte dignement un nom justement honoré parmi nous ; M. Nagel, directeur de la magnanerie de Chenonceau, esprit sagace, observateur, à qui la sériciculture doit déjà des découvertes importantes et de sérieux progrès ; M. Forest, qui nous apporte une expérience consommée de toutes les questions agricoles ; et M. Gripouilleau, médecin à Montlouis, dont les préparations squelettologiques ont obtenu une récompense à l'Exposition universelle de Paris, à côté des admirables travaux plastiques du docteur Auzou. Enfin l'Académie des Sciences et des Lettres de Palerme a tenu à honneur de se lier avec notre Société d'une manière particulière, et nous avons reçu parmi nos correspondants don Federico Lancia e Grassellini, duc de Brolo, secrétaire de cette savante académie.

Je n'ai point l'intention d'analyser ici les nombreux travaux et les discussions animées qui ont rempli nos séances. Qu'il me suffise de vous dire que la géométrie analytique de la sphère, les phénomènes astronomiques, la plantation de la vigne à la charrue, la culture de la vigne d'après une nouvelle méthode imaginée par MM. Pécault et Mahoudeau (de Mettray) ; l'oïdium, le sucrage des vins, les engrais, l'amélioration des races d'animaux domestiques, la sériciculture, les abeilles, la pomologie et les instruments perfectionnés de l'horticulture, ont été tour à tour l'objet d'intéressants mémoires. Nous devons ces communications précieuses à MM. Hay de Slade, Lesèble père et fils, Borgnet, Brame, Giraudet, Charlot, Rouillé-Courbe, Nagel et Guérin-Menneville. M. de Sourdeval vous a lu l'éloge de M. Émile Boulard, notre regretté collègue, l'élégant traducteur d'Horace. Enfin la poésie a trouvé un digne interprète en M. Papion du Château. C'est ainsi, Messieurs, que marchant sur les traces de vos premiers devanciers, dont je viens de vous raconter les œuvres, vous travaillez sans relâche à faire progresser autour de vous l'agriculture, les sciences et les lettres. C'est ainsi que vous préparez à mon successeur, dans cent ans, un second tableau séculaire, plus brillant et plus complet, de ces progrès dont vous aurez été les instruments et les promoteurs.

Soyons justes, Messieurs. Si ces incontestables progrès sont dûs à votre zèle, à votre intelligence, à votre initiative, à ces prix que vous décernez chaque année, n'oublions pas que nous devons le principal ressort de notre action aux allocations qui nous sont accordées par le gouvernement de l'Empereur, par le Conseil général et par le Conseil municipal de cette ville. Il convient donc de leur attribuer une largepart dans ces succès. Depuis douze ans surtout, le gouvernement a tenu à donner à l'agriculture, non-seulement des encouragements, parfois stériles, mais encore des institutions et surtout des exemples dont l'influence est plus féconde. L'impôt foncier a été dégrevé de vingt-sept millions ; l'application du drainage a été favorisée par un prêt de cent millions; nos montagnes, découronnées de leurs antiques forêts par des mains imprudentes, ont été reboisées ; les comices agricoles, qui mettent les Sociétés d'agriculture en contact direct avec les populations rurales, ont été établis ; les concours régionaux, arènes où luttent, pleins d'émulation, les principaux agriculteurs du pays, ont été institués ; et, pour couronner la hiérarchie de ces belles institutions, Paris voit se tenir périodiquement dans son sein les grandes assises de l'agriculture ; de récents traités de commerce viennent d'ouvrir à nos produits, particulièrement à nos vins, d'importants débouchés ; enfin, pour compléter tant de sages mesures et pour provoquer énergiquement cette amélioration des campagnes, qui est beaucoup plus utile que la transformation des villes, comme l'a si bien dit une bouche éloquente, le réseau des chemins vicinaux va être doté, par l'initiative d'une auguste volonté, d'un crédit de vingt-cinq millions.

Toutes ces mesures disent assez l'intérêt de premier ordre que l'Empereur attache à cette grande question. Que dis-je,

Messieurs? L'Empereur a voulu lui-même entrer dans la lice agricole et donner l'exemple : il n'a pas dédaigné de mettre la main à la charrue, cette même main qui tient si haut l'épée de la France, et il s'est fait agriculteur progressif dans les landes de la Gascogne, dans les plaines crayeuses de la Champagne, et, presque à nos portes, dans les sables de la Sologne. Après nous avoir arrachés à l'anarchie, après nous avoir sauvés des tempêtes sociales, il a ambitionné la gloire plus modeste de devenir le premier agriculteur de France, le coopérateur le plus ardent du progrès agricole. Nous pouvons donc le saluer à la fois comme le protecteur de l'agriculture et comme le modérateur des tempêtes humaines, double titre que Virgile décernait à Auguste :

Te maximus orbis
Auctorem frugum, tempestatumque potentem
Accipiat !

Tours, imprimerie Ladevèze.

www.ingramcontent.com/pod-product-compliance
Ingram Content Group UK Ltd.
Pitfield, Milton Keynes, MK11 3LW, UK
UKHW020458220726
13923UKWH00006B/2627

9 782019 909437